U0301716

7 古村落

- 浙江新叶村
- 采石矶
- 侗寨建筑
- 徽州乡土村落
- 韩城党家村
- 唐模水街村
- 佛山东华里
- 军事村落—张壁
- 泸沽湖畔“女儿国”—洛水村

8 民居建筑

- 北京四合院
- 苏州民居
- 黟县民居
- 赣南围屋
- 大理白族民居
- 丽江纳西族民居
- 石库门里弄民居
- 喀什民居
- 福建土楼精华—华安二宜楼

9 陵墓建筑

- 明十三陵
- 清东陵
- 关外三陵

10 园林建筑

- 皇家苑囿
- 承德避暑山庄
- 文人园林
- 岭南园林
- 造园堆山
- 网师园
- 平湖莫氏庄园

11 书院与会馆

- 书院建筑
- 岳麓书院
- 江西三大书院
- 陈氏书院
- 西泠印社
- 会馆建筑

12 其他

- 楼阁建筑
- 塔
- 安徽古塔
- 应县木塔
- 中国的亭
- 闽桥
- 绍兴石桥
- 牌坊

筑境

中国精致建筑100

赵家堡

曾五岳　王文径　曾春英　撰文/王文径　摄影

中国建筑工业出版社

出版说明

中国是一个地大物博、历史悠久的文明古国。自历史的脚步迈入新世纪大门以来，她越来越成为世人瞩目的焦点，正不断向世人绽放她历史上曾具有的魅力和光辉异彩。当代中国的经济腾飞、古代中国的文化瑰宝，都已成了世人热衷研究和深入了解的课题。

作为国家级科技出版单位——中国建筑工业出版社60年来始终以弘扬和传承中华民族优秀的建筑文化，推动和传播中国建筑技术进步与发展，向世界介绍和展示中国从古至今的建设成就为己任，并用行动践行着“弘扬中华文化，增强中华文化国际影响力”的使命。从20世纪80年代开始，中国建筑工业出版社就非常重视与海内外同仁进行建筑文化交流与合作，并策划、组织编撰、出版了一系列反映我中华传统建筑风貌的学术画册和学术著作，并在海内外产生了重大影响。

“中国精致建筑100”是中国建筑工业出版社与台湾锦绣出版事业股份有限公司策划，由中国建筑工业出版社组织国内百余位专家学者和摄影专家不惮繁杂，对遍布全国有历史意义的、有代表性的传统建筑进行认真考察和潜心研究，并按建筑思想、建筑元素、宫殿建筑、礼制建筑、宗教建筑、古城镇、古村落、民居建筑、陵墓建筑、园林建筑、书院与会馆等建筑专题与类别，历经数年系统科学地梳理、编撰而成。本套图书按专题分册，就其历史背景、建筑风格、建筑特征、建筑文化，结合精美图照和线图撰写。全套100册、文约200万字、图照6000余幅。

这套图书内容精练、文字通俗、图文并茂、设计考究，是适合海内外读者轻松阅读、便于携带的专业与文化并蓄的普及性读物。目的是让更多的热爱中华文化的人，更全面地欣赏和认识中国传统建筑特有的丰姿、独特的设计手法、精湛的建造技艺，及其绝妙的细部处理，并为世界建筑界记录下可资回味的建筑文化遗产，为海内外读者打开一扇建筑知识和艺术的大门。

这套图书将以中、英文两种文版推出，可供广大中外古建筑之研究者、爱好者、旅游者阅读和珍藏。

目录

赵家堡

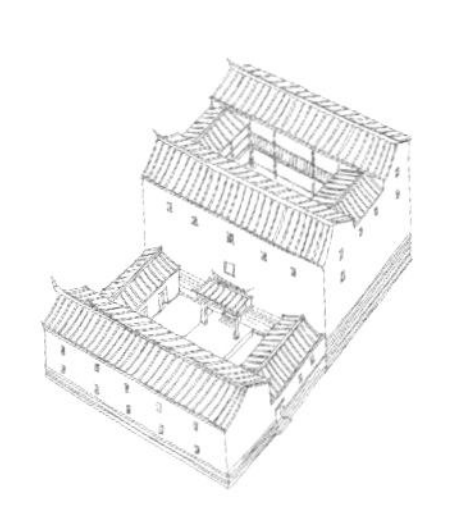

赵家堡，又名赵家城，在福建省漳州市漳浦县湖西畲族自治乡东南部官塘地方，是一座赵宋皇族后裔于明万历年间建造的抗倭城堡。虽然历经四百年风霜，但遗迹丰富，旧构犹存，汴梁遗风依稀可辨，若干风貌不减当年。作为一个历史的窗口，古代建筑文化的载体，它向我们展示着一个皇族由盛而衰、由衰而兴的苍凉悲壮的真实故事。由于它特殊的文物价值，在中国建筑史上应有它的一席之地。

在漳州，明嘉靖以前各地均有不少的村寨，然这种村寨多“山居以木栅”（见《广韵》），即以栅栏为藩篱者居多，与明清时期以夯筑土墙为主要特征的土堡不尽相同。因此，万历元年（1573年）《漳州府志》云：在明中叶以前，“漳州土堡，旧时尚少，惟巡检司及人烟辏集处设有土城。”土堡的兴起，应以嘉靖末叶的抗倭斗争为契机。“嘉靖三十五年（1556年）十月，有倭寇由漳浦县地方登岸，屯住六都后江头土城，烧毁房屋，杀掠男妇无计，漳自是有倭寇。”自此年起至隆庆三年（1569年），漳属各地惨遭倭寇与山贼蹂躏，村无完舍，民无定居，富者罄其所有赎身，贫者亦称贷求免。而官军孱弱，风纪败坏，民不死于贼，则死于兵，俗称“贼梳兵

图0-1 赵家堡

这座宋代皇族后裔聚族而居的防倭城堡，隐藏在群山环绕的山间，四百年来，默默地聆听着呼啸的山风，滚滚的林涛，有谁知道，在那乌黑的城墙里，记载着皇家子孙的几多荣耀，几多辛酸。

篋”，鸡犬为虚。于是有力者，倡里人据险筑堡；不能筑堡者，则携老稚入县城或逃匿山中。当时有云霄太史林阶春在其名著《兵防总论》中说：“坚守不拨之计，在筑土堡，在练乡兵。何其效其然也？方倭奴初至时，挟浙直之余威，恣焚戮之荼毒，于是村落楼寨，望风委弃。而埔尾独以蕞尔之土堡，抗方张之丑虏，贼虽屯聚近郊，迭攻累日，竟不能下而去。……自是而后，民乃知城堡之足恃。凡数十家聚为一堡，寨垒相望，雉堞相连，每一警报，辄鼓铎相闻，刁斗不绝。贼虽拥数万众，屡过其地，竟不敢仰一堡而攻，则土堡足恃之明验也。”正因为如此，乡族各自建堡以求安，练武以自强，攻则邻堡鼎力相助，守则村寨声势相倚，堪称古代民间群体防御的良策，民族自强不屈精神的象征。

截至万历元年，漳浦全县已有青山、后葛、井尾、古雷、盘陀岭等五处巡检司城；云霄、埔尾、西林、赤湖、檬山寻等五座旧筑土城；前涂洋、桥头、东坂、横口等十一座近筑土堡，初步形成了全县寨垒相望、守卫相助的总体布局与防御体系。在一定的历史时期，它发挥过时代主旋律和文明标志的作用。但是，随着时光的流逝，社会的安定和进步，土堡的防卫功能难免日益淡化，而作为社会生活聚落形态的传统，却一直延续到今天。特别是像赵家堡这样历史悠久，空间组合颇有特色，而又代表乡族共同体诸多特征的不可多得的土堡，对于研究中国古代建筑史，研究中国社会生活发展史，探讨中国传统社会如何延续与变迁等课题，无疑都具有极为重要的学术价值。

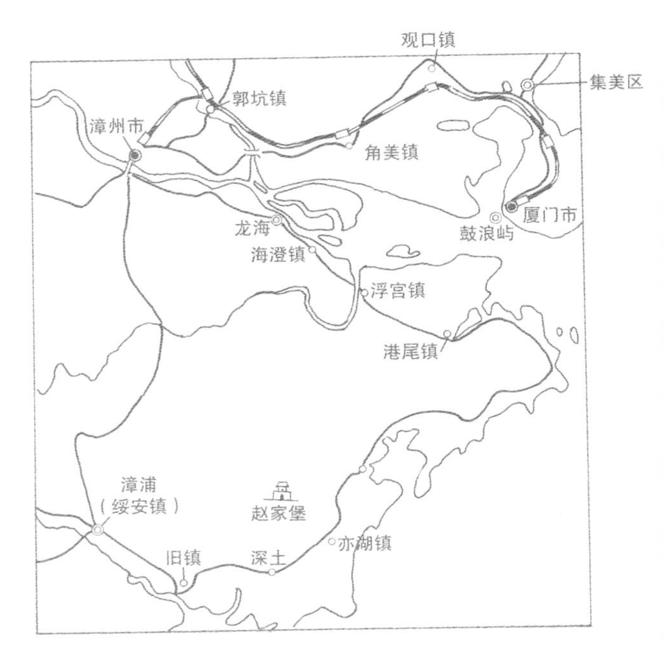

图0-2 赵家堡位置图

一、皇族兴衰

古堡无言，但族谱碑刻、方志野史有记载。建筑本身也会说话。似乎时时在倾诉当年的辛酸与苦楚。

公元960年（宋太祖赵匡胤建隆元年），陈桥兵变，赵匡胤黄袍加身，取代后周成为一代君王，并且统一了全国。赵氏匡胤、匡义、匡美共三兄弟。

魏王匡美的后代至南宋中期已沦为一群小官吏了。其九世孙赵时晞在理宗时，为一件小事上表祝贺，理宗为此才想起这位同宗，因而被封为宜亭侯。正好理宗无子，就将时晞之子若和抱入宫中抚养，后又退封为闽冲郡王，并建郡府于今之福州近郊林浦村。不久，元军攻破临安，益王赵昰逃到福州称帝，年号景炎，旋又逃往广东，死于硇洲。陆秀夫等南宋遗臣又立卫王赵昺为帝，年号祥兴。赵若和随驾南下，在风雨飘摇的小朝廷中任宗正寺卿，管理皇家玉牒。祥兴二年（1279年），元将张弘范

图1-1 宋代开国皇帝赵匡胤及其弟

宋代开国皇帝赵匡胤及其弟——赵家堡的直接祖先魏王赵匡美的画像，传说是赵若和当年任宗正寺卿时从自己管理的玉牒中带出来的。城里逢年过节，必然请出供族人奉祀。

a.赵匡胤；b.赵匡胤之弟

a

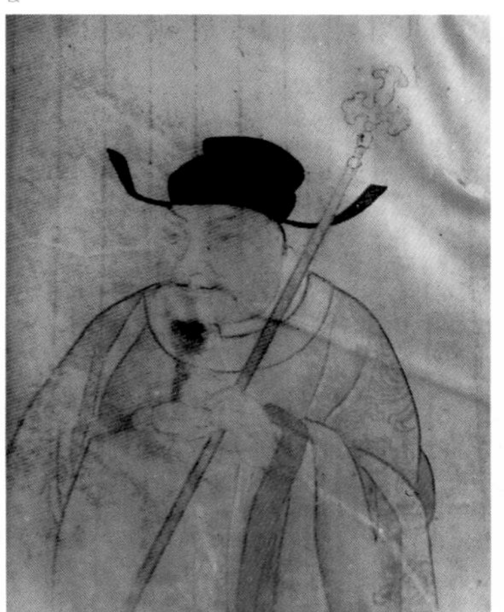

b

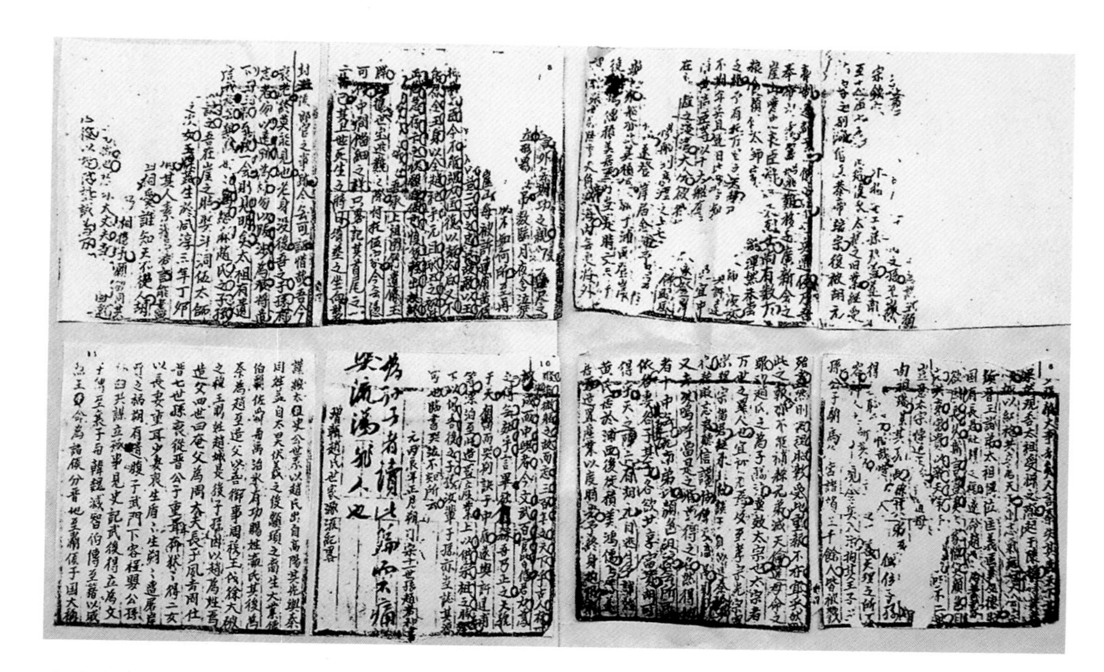

图1-2 保存在赵家堡中的赵氏族谱

该族谱记载了赵宋家族的繁衍分支、皇室家族中不为人所知的尘封往事。闽冲郡王赵若和在元朝延祐三年亲笔书写的序，翔实地记述了南宋小朝廷最后的历史，补正了《宋史》的多处不足。

攻破崖山，丞相陆秀夫负年仅九岁的小皇帝赵昺投海殉国，统治中国三百多年的赵宋王朝至此告终。

在元军攻破宋军水寨之夜，年仅十三岁的赵若和及其侍臣许达甫、黄材等于乱军中乘船逃出。他们漂泊北上，希期能回到福州再图恢复，但船漂到厦门浯屿一带海面时忽遇台风，船桅折断，而且粮食又告罄，只好弃船登岸潜伏于浦西，后又迁居漳浦县的佛昙积美小村，匿赵姓为黄姓，购置产业，悄悄地隐藏了下来。当时，若和的心情非常悲苦，曾于元延祐三年（1316年）正月初一日，在其手书《漳浦积美赵氏谱源》中云：“天之降祸，世有胡元，予自逃生，讳姓黄氏，居于浦西，后徙积美鸿儒居焉，造置产业，以度时光，终身抱恨，未尝敢对人言。外无期之亲，内有五尺之童，茕然独立，形影相吊，数临月夜，含泣焚香祝天……造置产业，上以供宗祖之时祭，下以传吾后之子孙，汝辈子孙亦当志其源可也。临书哭泣，不知所云。”此文可谓字字血、声声泪，满腔悲愤，跃然纸上。而今看来，正是赵若和的遗文导致其后代建造聚族而居的赵家堡。

图1-3　立于瓮城内的两通石碑

这两通石碑一为赵范建造赵家堡时撰写的《硕高筑堡记》，另一为明万历四十七年赵义续建外城时漳州府的批文，记载了建造赵家堡的经历。可惜前碑于20世纪70年代被炸毁，今存残碑。

二、卜庐入山

图2-1 赵家堡西南面的丹灶山
传说是晋代的葛洪炼丹的去处，所以山顶终年烟雾萦绕，难得几回露出真正的面容。只有山麓间的石人峰，屹立着婀娜多姿的玉女，几百年来，一直痴痴地俯望着古城，仿佛在等待着什么。

洪武十八年（1385年），赵若和后裔黄惠官娶黄材的后代为妻，被村民陈某嫉妒，以同姓通婚罪告到公堂，其兄明官只好献出家藏的族谱，御史朱鉴为之奏明朱元璋，准予恢复赵姓，并恩赐明官为鸿胪寺序班。自此，赵氏家族时来运转，从百年韬晦走向公开露面，可以抬头做人了。赵氏族谱云：“盖奄自存者百余年，人始知识积美有赵氏为赵宋后也”，即是指此。

然而真正发迹还要靠读书人。赵若和的九世孙赵淑宽（1505—1574年）“课儿读书”、“开窍明目”，培养了一个“九岁能为文，遍诵经史”的儿子赵范（1543—1617年）。康熙《漳浦县志》云：“赵范，字范之。其先故宋宗室也。隆庆五年（1571年）登进士。守无为州，置学田以赡贫士。调磁州，有歧麦芝草之瑞。升户部郎中，督饷雁门有功，御赐金绮。擢温（州）、处（州）道，尽捐宦中囊以资民水利。尝不避风雨出行水，船覆，为水漂溺数里许，得枯

a

b

图2-2 石狮与坊匾

赵范以进士出身，官至浙江按察使司副使；其子赵义曾任南京中书舍人，号称父子大夫，因此城中建有石坊，坊作三门三楼式。1975年被炸毁，但石构件犹存。图为原立于坊柱上的一对石狮及坊匾。

a.石狮；b.坊匾

柳挂所着马尾巾，一老隶踪迹范，援之得不死。其急于民事如此。以亲老致政归。遇岁不登，多方赈济，全活数千人。”正是这位勤政爱民、官至浙江按察使司副使的“赵菩萨”创建湖西盆地硕高山上的赵家堡。

湖西盆地平缓开阔，四面群山环抱，层峦叠嶂，苏坑溪萦回东去，风景宜人。官塘地方又是一个山水围绕的小封闭地理环境，风水独好。万历二十年（1592年），赵范致仕回乡，当时沿海黎民尚苦海盗之患，他在《硕高建堡记》中说：“余筮仕，赋性疏拙，素有耽山林癖。”说明此公一向笃好青山绿水，大有“小隐于山”的闲情逸致。又说：“比家归，遭剧盗凌侮，决意卜庐入山，屡经此地，熟目诸山谷盘密，不嚣冲途，不逼海寇，不杂城市纷华，可以逸老课子，田土腴沃，树木蕃茂，即难岁薪米恒裕，可以聚族蓄众。”这就是他缘何要离开积美祖居地而卜庐入山的主要动机，即建堡必须选好优良的地理环境，方能达到军事防御与聚族而居两相宜的目的。而他之所以不选择湖西其他地点而对硕高山情有独钟，是因为他受中国传统风水理论的深刻影响。他说：“鼎山干龙逆结，入首开障开钳，砂明水远，近案五层，远山罗拱，天马居前，石人、石龟等奇峰居前捍门，居右可以卫真龙、迓吉祥，为昌后永世计，心窃喜之。乃芟辟草莱，建楼筑堡居焉。楼建于万历庚子（1600年）之冬，堡建于甲辰（1604年）之夏，暨诸宅舍，次第经营就绪，拮据垂二十年。”筚路蓝缕，呕心沥血，为保存乡族计，为昌后永世计，赵范的确劳苦功高，精神可嘉。

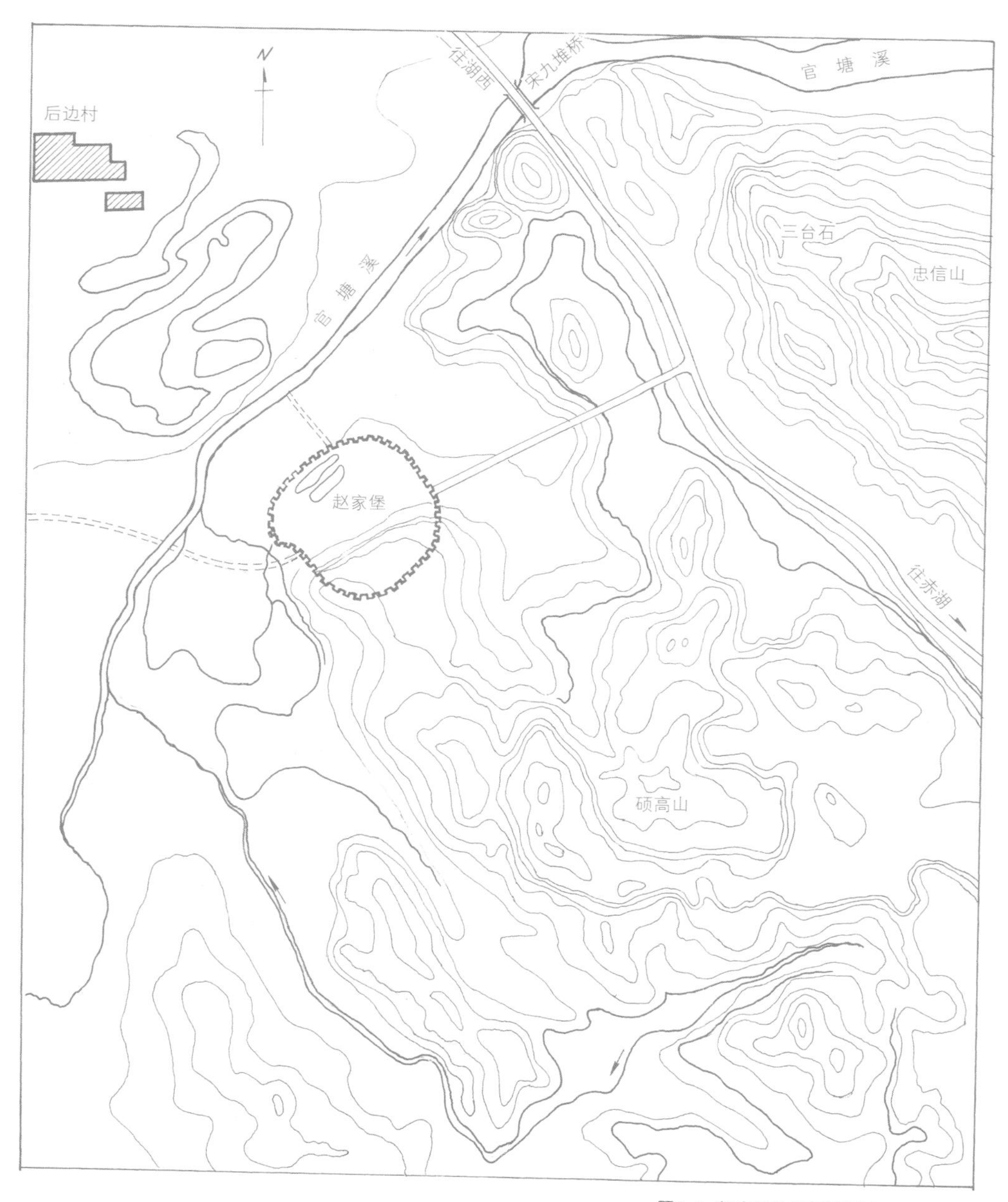

图2-3 赵家堡地理环境图（王文径 绘）

如今看来，赵家堡确实能够同周围环境保持高度的统一，使人、自然、城堡与社会浑然一体，达到十分和谐的绝佳境界。城南远处的丹灶山与鼎山，山顶云雾缭绕，乌黑岩石依稀裸露，相传葛洪曾在这里炼过丹，山中还留有一些传说葛洪炼丹的炉灶遗物，并建有葛洪庙二座。山坳里又有形同八卦的土堡聚落，更使此山增添了许多神秘色彩。这就是赵家堡周围十景中的两景："丹灶晴云"和"鼎山旭日"。城西南侧有一座小山，山巅屹立着一块高约10米的巨石，如亭亭玉女状，称石人峰，山下有一天然石洞，可容纳百人，称"玉女偎墙"。城东对面是崇信山，有明人登临山上三台石的摩崖与赵家堡第二代主人赵公瑞的题刻。正西北远处的朝天马山，山上古木萧森，山形如腾空的骏马，山顶还建有御寇的石寨，自成"天马行空"一景。一条发源于丹、鼎山的官塘溪环绕城堡的西北东三面而过，又称"溪环玉带"。溪两边立两座小山，如旗似鼓，是为"旗鼓捍门"。鲤鱼潭边有座低矮小山，有如鲤鱼戏水、浪拍银滩，也被称为"沙涌金鱼"。官塘溪在城西北角汇成了圆形的宽阔水面，早晚暖暖的阳光洒满了一湾碧水，犹如一面金色的镜子，因称"鉴池暖偎"。而东北面远远的玳瑁山，苍翠如黛，即谓"瑁岳前拱"。此十景中最富传奇色彩者当数"神龟献吉"了。它位于东门外的大庵山上，这里奇石峥嵘，乱石中有一潭，潭水清澈无比，潭中有一石，状如龟头，常随水位升降而时隐时现。传说赵范当年曾到此处踏勘选址，恰逢龟头露出水面，此公由此认定这准是吉兆，遂决定在硕高山上建堡。

三、内堡风姿

图3-1 内城东城墙
内城位于城正东侧，是赵家堡的早期建筑，城中建有主楼完璧楼。城经扩建成三重后，内城即作为赵家堡的第二及第三道防御设施。图为内城东城墙。

赵家堡处于硕高山北坡，山坡北低南高，最高点海拔35.37米，最低点海拔仅12.4米，总占地173亩。南部为硕高山主峰，当年是满山树木葱茏，而今只是布满乌黑的岩石与赤裸的黄土。北面过去为官塘溪的河道，现在只在田野间横过一道浅浅的溪水，而当年的这段河道，却有一部分被赵公瑞围进了城中，成为赵家堡中园林的一个重要部分。

赵家堡有内外城，把整个城堡分成内外二堡。内堡由赵范兴建，外堡由其儿子赵公瑞扩建。正是由于赵氏父子两代人的惨淡经营，经过先后三四十年的精心施工，方才有今天赵家堡这样庞大雄伟的规模。

图3-2 完璧楼

完璧楼是赵家堡的主体建筑，也是赵范最初完成的建筑。楼前建有四合院式的小楼，以二层城墙作为楼墙。楼中雕梁画栋，备极工巧，当是赵范的直系亲属居住的地方。

图3-3 建于内城中的堂屋
属赵家堡早期的居住建筑之一。由于所处偏僻，城的中心转移，常不引起注意，也保存得较为完好，连墙上的彩画也基本没有受到破坏。

图3-4 内堡城门/对面页
建于内堡东南角，门的规格甚小，但用料粗大，防范严密；亦设有二道门，可防盗、防撞击、防火攻。现保存甚为完整。

内堡位于整个城堡内的东南角，平面呈不规则的长方形，占地约4.6亩。此堡乃赵范致仕的次年始建，即万历二十一年（1593年）动工，三十二年（1604年）之夏竣工。但是堡内的许多宅舍，一直经营了近二十年才算大功告成。

内堡实际上是赵范隐居山林的“大夫第”，亦即赵范居住的府第。由高楼、小楼、堂屋和小平房等四组建筑组成，空间组合极有特色。每组建筑高差二三米至五六米，高低错落，排列有序，远远望去，上接蓝天，下连大地，绿树掩映，断垣半露，大楼高耸，土墙环绕，宛如宋元神仙楼阁图，给人一种浑厚、纯朴、苍老、隽永的感觉。依西边城墙内侧建造的八间小平房，一字排开，小开间不过12平

方米，每家每户根据自己需要再在房前搭盖厨房之类附属设施，简陋得很，为杂役下人居住。堂屋则明显地受到中原四合院的影响，又突现闽南建筑的地方特色，大致有两种模式：一种分门厅、天井、庑廊与正堂，正堂进深面阔约三间，明间正中开大门，两侧次间贴前墙开边门，左右对称，是闽南民居典型的厅堂；另一种分门楼、庑廊、天井和正堂，正堂有五开间，以六堵横墙分割，东西梢间单独开门，次间边门与上述堂屋同，俗称“六壁厝”。这种堂屋，当为赵范的直系亲属居住。小楼在高楼的正前方，下层分隔为五开间，空间组合与“六壁厝”同，不同的是明间前面作小厅，后面设楼梯，之间用木屏风分隔，屏风漆土红色，中间写草书“福”字。楼上只分三开间，次间为卧室，内墙挑出木通廊，扶栏雕刻五种不同花纹的几何图案，美观大方，应是赵范的家属所住。高楼即完璧楼，建筑规格更高，当为赵范及妻妾子女的居室。这四组建筑高下的

图3-5 堡城
墙厚约1米。根据这段倒塌的墙体，可以看出城墙是采用条石和丁石交替使用、中间填土的办法构筑的，这种形式也被外城墙所采用。

图3-6 完璧楼入口/对面页
是赵家堡作为防御性城堡的最后一道工事，它层层设防，布局严密，几乎达到无懈可击的地步。同时，完璧楼也是闽西南地区最古老的土楼建筑之一。

图3-7 枪眼/上图

完璧楼底层墙厚1米，为达到较好的防御条件而又便于居住者采光，每间设一个狭长的枪眼。枪眼外狭内宽，便于观察和打击敌人，而又不容易让外敌所利用。

图3-8 洞口/下图

完璧楼内天井的台阶边有一个洞口，位置隐蔽，不易被人发现，洞口高1.5米，正好够一个人猫着身子行走。平时作为排水道，危急时人可由此钻出城外。这是赵家堡防御设施的最后一招——走为上计。

图3-9 四合院式建筑

完璧楼内部是四合院式的建筑，与楼前的小楼又构成了另一组四合院式的建筑。这种源自北方的传统建筑形式，巧妙地运用到这海隅的城堡建筑中。

强烈对比和巨大反差说明，传统民居受封建宗法等级观念的影响有多么深刻，聚族而居的骨肉亲缘并不像某些好心人想象的那样温情脉脉，款款人情风一旦吹进尊贵卑贱、男女有别的“宪副府第”内，恐怕也会变味。赵家堡内城可以说是中国古代建筑那种森严等级秩序集中体现的“活化石”。

完璧楼是赵家堡内最具防御能力的碉堡型建筑，也是赵范府第中最重要的部分。楼高三层，32米见方，通高13.6米，底层墙体用花岗岩条石纵横交错砌成，四周留有枪眼，二、三层均用“三合土”（即用黄砂土、红糖水、糯米浆搅拌而成，十分坚硬牢固，甚至铁钉也很难钉进去）夯筑，略有收分。一、二层环周每

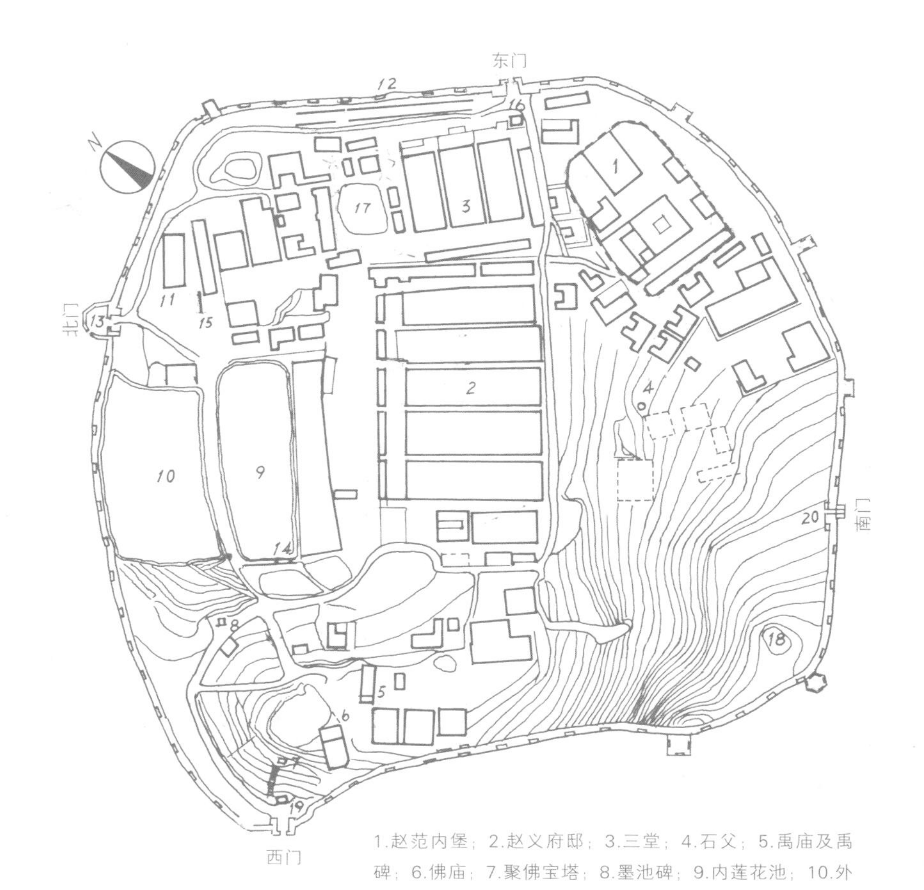

1.赵范内堡；2.赵义府邸；3.三堂；4.石父；5.禹庙及禹碑；6.佛庙；7.聚佛宝塔；8.墨池碑；9.内莲花池；10.外莲花池；11.武庙；12.外城墙；13.北门正门；14.汴派桥；15.父子大夫坊；16.城隍庙；17.辑卿小院；18.松竹村；19.土地庙；20.南门（已堵塞）

图3-10 赵家堡平面图（李雄飞等 绘）

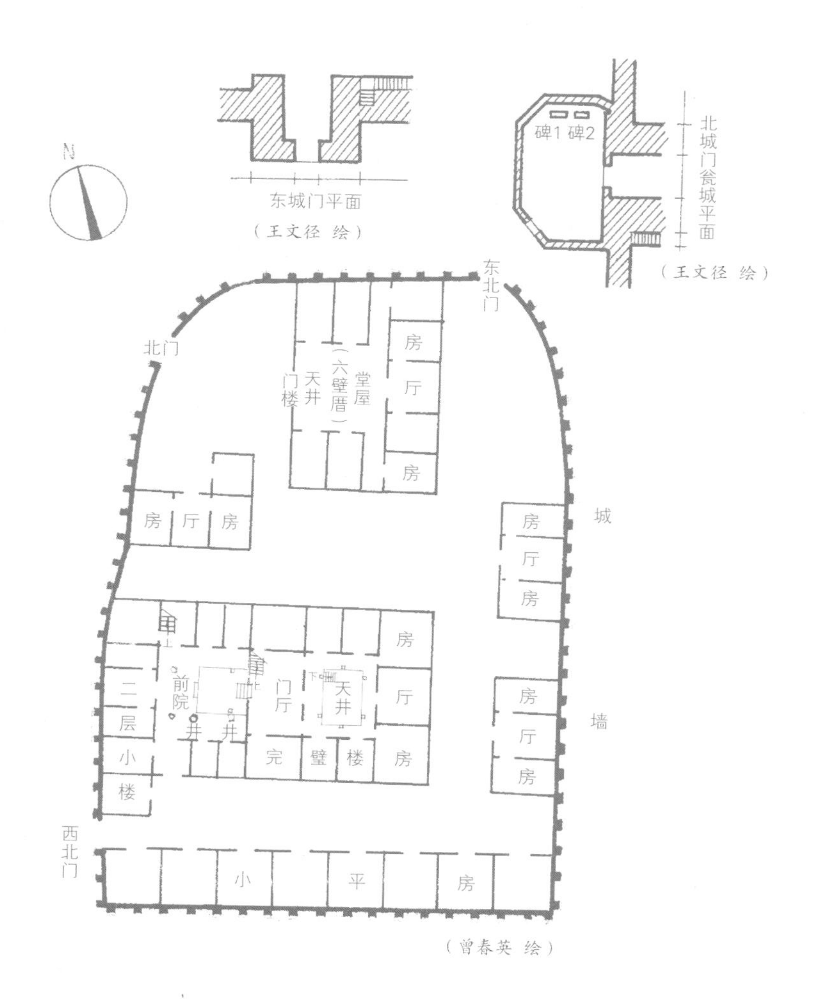

图3-11 赵家堡内堡平面图

层十个房间，内设通廊环绕小小的天井。天井地坪石砌，为降低地下水位以防潮，地坪比楼底层低1.2米，为闽南地区所仅见。天井东北角设石台阶，台阶边有暗道直通城外，既作排水沟又作避难时的出口。底层每间均开一个楔形小窗，内侧0.4米见方，外侧0.05米见方，供观察楼外动静与射箭之用。第二层布局与底层大致相似，惟东侧厢房中有一密室，无门无窗，因原来结构已被部分破坏，通道设置无从考究，1986年重修时，只好从底层开一小孔进入，后又朝内院开一小窗，供游人参观。三层无分隔，全楼四面贯通，供战时壮丁守夜，平时亦作结婚或寿辰举办华筵之用。内墙不开窗，外墙开18个大窗，上以八组横梁与斗栱承重。天井的底层和二层环以通廊，方形石柱和筒瓦屋顶加勾头滴水，于朴实浑厚中略见华美，是典型的闽南建筑风格。全楼只设一个大门，西北向，榕木门板厚0.12米，至今仍保存完好。榕木门板与石门框之间留有2厘米宽的缝隙，在敌人火攻时可注水灭火。门额嵌青石牌匾，阴刻“完璧楼”三字，金撇银钩，笔法秀丽，为赵范的手迹。完璧楼与众不同之处是，大门前加一门廊以强调入口，又用对面小楼与两厢平房围出前院，院中有一口古井，保证平时战时楼内的用水。出入口设在院子西侧，门外又有堂屋（含六壁厝）与小平房等附设防护设施作为缓冲地带，外围则有高高的城墙。城墙北侧以条石砌基，上部夯筑三合土墙，于正北、东北与西北开三个城门，其中西北门为正门，全部条石砌成，厚2米，设二道门，门洞宽1.2米。正门两侧各开一个楔形小

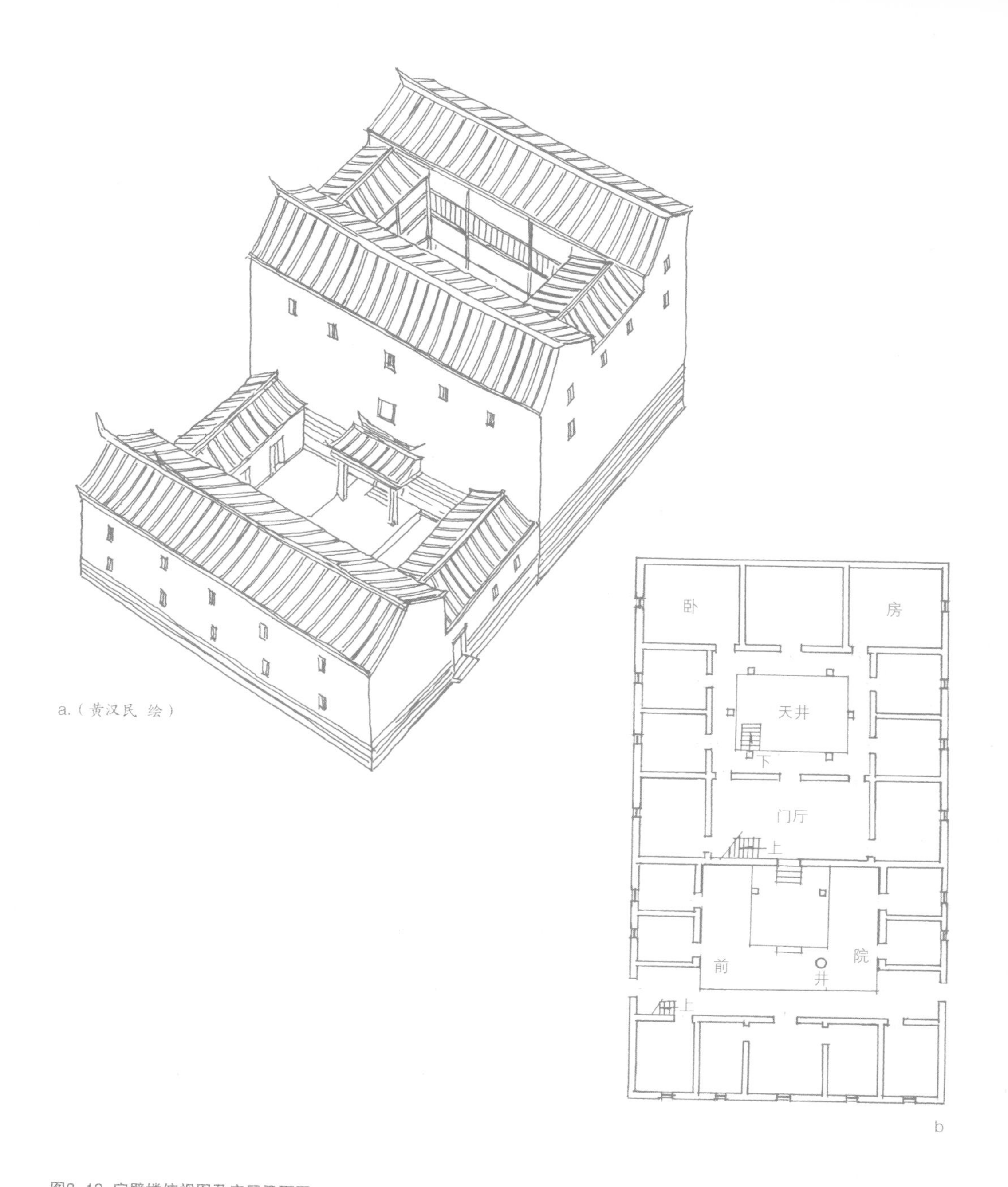

图3-12 完璧楼俯视图及底层平面图

完璧楼是福建沿海县份内通廊式方楼的代表，高三层，每层内设回廊，环绕着比楼底层地面低1米多的天井，天井边上有地道直通城外。

窗，以窥视门外动静。从而使得完璧楼成为一个多重封闭的空间形态，明显地提高了安全防卫的强度。

赵范府第一带在赵家堡内地势较高，于完璧楼上可以俯瞰全堡及附近田野，视野开阔，外观雄伟挺拔，宛如一个披甲执戈、永不疲倦的白发老人，始终睁开炯炯有神的眼睛，注视着人世的风云变化。

四、外城神采

赵义（1590—1640年），字公瑞，又字叶麟，号辑侯，又号辑卿，赵宋魏王匡美第二十一代孙，明征篆修国史贡士，南京文华殿中书舍人，曾奉旨督运陕西宁夏镇粮饷，但不久便回到家中，当时倭寇的大规模活动较少，但还不时有小股海盗土贼在这一带骚扰。赵义学问渊博，见多识广，善书能诗，胸怀开阔，颇具战略眼光。他感到乃父赵范所建城堡太小，不足以防不虞，以固民生，就向府县要求扩建城堡。他在呈文中说："念义父从浙宪归休后，卜迁官塘地方，僻伏山中，自买地土，备工围筑土堡。经前任分守道高呈咐，外计墙门二百余丈，仅容数舍，聊防窃盗。去年风雨漂塌，近时报警彷徨，堡外四民村居星散，

图4-1 东门门匾
赵家堡东门城楼上悬门匾，刻"东方钜障"，说明赵氏族人构筑这座城堡的基本目的在于军事防御，也就是对付当时在沿海一带活动极为猖獗的倭寇。

图4-2 南门瓮城

赵家堡南门正对硕高山，建有长方形的瓮城，但无城楼，形制也小于另三座门，门内无民居建筑，门外无路可通，形同虚设，所以建成后就一直用条石堵死。

诚恐变生叵测，守御无所。义议照旧堡开拓地址、更砌地基，增设马路女墙，平居则守望相助，遇急则身家各棒，有备无患，有基无坏，事关地方，具呈恳乞恩准。”官府批准后，赵义经过周密设计，于万历四十七年（1619年）二月破土动工。

赵义所建外城墙长1208米，依山势起伏，南高北低，制高点在正南角上，而北侧由于有一段城墙是沿着河岸建起来的，内侧仅1米许，外侧却有4至5米高，所以把正门设在北偏西的位置上。南面城墙的规格明显高于城北平缓地区的城墙，并建了多组敌台设施。这里俗称“小八达岭”。它正好与东南角的赵范内堡以及高高耸立的完璧楼互为犄角之势，形成了一条从东城往南城至西城的防御地带。正门设在北面，南城实际上被堵死，形成了背山面水的猛虎下山之势。这种依山就势，石为常规束缚的总体布局，不能不说是建造者匠心独运的创造。

图4-3 远望赵家堡

赵家堡外城周长1208米，平面大致呈椭圆形，基本是以当地出产的长条石构筑而成，墙厚2.5米，根据地形变化，高度不等，城墙上以三合土夯筑城垛，其形制仿照正规的官建城墙。

图4-4 城墙马面

赵家堡外城墙根据地形条件建有六座马面，马面平面或呈长方形，或正方形，或六角形不等，具有增加墙体强度的作用，又可利用马面的凸部打击攻城的外敌。图为城正东面的一座马面。

图4-5 西城门/后页

西城门遥对着漳浦中部的主要山脉丹灶山，故称“丹鼎钟祥”门。取丹灶山钟秀，尽得仙人灵气之意。

当地石材丰富，故城堡围墙的墙体内外侧全部以长石板铺砌。石板宽0.4米，厚0.15米，长1至2米不等，采用平竖纵横交错砌筑。为节省石材又于墙体中夯土。墙厚2.5米左右，高4至5米不等。墙顶铺石板，供人行走，外侧再夯三合土墙垛。可能是因为建堡时按照实际地形需要和受风水理论的影响。在确定四门的称呼上与实际的方位相背离。除东门称谓正确外，南门被称作为北门，北门被称为西门，西门被称为南门。

东门面对狮头山，匾额“东方钜障”四字，醒目地点明了建成的基本功能和主要目的。楼门突出城墙外近4米，门洞用三层条石拱券砌造，上有面阔三间的悬山式城楼。城内沿墙体设三组登楼石梯。

正门北门全部石构，宽10.3米，深5.5米，门洞为平顶，匾额“硕高居胜”，原有城楼已毁。正门的最大特点是有瓮城，瓮城呈不规则六角形，面积约100平方米。门开于正西。石墙上外侧夯三合土墙垛，内侧留有人行道。瓮城内立有二通石碑：一勒万历四十七年漳州府批准赵公瑞扩建城堡的公文，以示其合法性；一勒赵范撰文、赵公瑞立碑的《硕高筑堡记》，以志其建堡缘由。

被堡里人称为南门的西门，由于正对着丹、鼎二山，匾额题名“丹鼎钟祥”，形制与东门基本没有两样。

图4-6 中北门瓮城

赵家堡中北门的瓮城呈不规则的六角形，可以在敌人攻进瓮城时围而歼之，同时在整体布局上，瓮城的出现也提高了该城门作为正门的规格。内城门刻“硕高居胜”匾，点明了城所位于硕高山的位置。

南门则于建成后立即被条石封死，而门的规格也略低于其他三门，其中门洞只有1.2米宽，开门便是山，确也无路可走，除非是临战态势，平时自不必派专人管理。

总之，赵义扩建外城，大大地增强了赵家堡的防卫功能，说它犹如铜墙铁壁，似无不可。更重要的是，他在战略思想和战术方针上，变乃父赵范单纯依赖土堡防守的被动观念，而为“周全桑梓、造福一方”的进取精神。他始而组织堡内乡兵练武，巡更守城，多次击退小股海盗对赵家堡的袭击；进而支援湖西乡里粮食，发动邻近村寨联防；继而率领“赵家军”巡逻十里山乡；最后于崇祯元年（1628年）在佛昙镇官岭破贼立功。有漳浦知县余日新于崇祯七年（1634年）所立《官岭保障碑》为证：“戊辰岁，海寇登陆杀掠濒海，辑侯（即赵义）慨然散粟，纠义旗，破贼官岭，筑京观（即收贼尸，筑高丘，以炫耀武功），里闬（即里门、乡里）籍以安枕。”实际上，当时赵家堡已非一般抗倭城堡，而是当地“光照丹鼎、威震四方”的一面军事旗帜。

五、府第堂皇

赵义在组织乡兵、克敌制胜的同时，便着手营造舒适方便的生活环境。为了炫耀他父子大夫的社会地位和雄厚财力，他在新筑城堡地势平缓的中心位置，即赵范内堡的左前方，又建造了一组规模巨大、富丽堂皇的新大夫第建筑群。俗称“官厅”，又称府第。府第面向北偏西30°角，依地势后高前低、落差近2米。共有五座堂屋，每座面阔19米，五开间，进深67米。每座有五进，即前堂、二堂、正堂和后堂，最后进为封闭的小合院与二层楼，是内眷住宅，俗称“梳妆楼”。每座堂屋有30间房，五座共150间，占地约7260平方米，还有左右两列厢房，各有12间，与府第的边门相通。这种锦宅连片、华堂迭起、鳞次栉比、气势轩昂的建筑群，漳浦称之为“五落大厅”，是典型的官家财主住宅。尽管其中厅堂众多，高大开阔，但每座只有居室几间，其他或作仓库贮物，或供杂役居住，或留作客房，也就所剩无几了。这种又像衙署，又是住宅的合院建筑，很像京城的亲王府，在明初是明令禁止的，只是到了明中叶由于漳州海上走私风盛行，月港成了我国东南对外主要贸易商港，资本主义初步萌芽，官府统治松弛，加上倭寇山贼对经济的大破坏，社会大动荡，建造这样高规格的府第才有了可能。一般说来，一、二进明间作为过道，三进正堂作客厅、设神龛，四进中堂奉

图5-1 赵义府第/对面页

其深67.7米，两边又各有一座厢房，形成一条条幽深的小巷。小巷纵横交错，深浅莫测。漫步其间，既体验到这座古老建筑的恢宏，封建宗法之森严，也体验到破落的皇室家族的苍凉之感。

祀祖先，只有封闭的“梳妆楼”才住内眷。这是因为当时上层人士的建筑价值观和社会风尚是以气派为主，实用为辅的缘故。所谓“有赵家堡的富，无赵家堡的厝”这句谚语，恰恰是反映了古代社会在森严等级制度下羡慕虚荣的一种心态。

府第的左起第二座即“赵氏祖庙”，显得特别富丽堂皇。其第一进的前堂，一字排开，分为五开间，明间为过道，次间、梢间不分隔，左右各有一侧门朝向祖庙，中间隔着石板铺砌的空地，前后并无围墙或庑廊连接。这种建筑进深仅2.5米，不似影壁，胜似影壁，俨然是影壁的异化物，供门房值勤与住宿用。二堂设高约1米的台基，五级踏步，开中门与两侧边门，高高的门槛，一对巨大的青色抱鼓石，一面刻游龙，另一面刻飞凤，显示了士大夫家族祖庙的官家气派。正堂面阔五间，进深三间，青砖墙面，青石柱础，4米多高红漆木

图5-2 府第前部
府第中座的第一进作独立的建筑，这种仅见于闽南地区的布局其实颇有特色，既作为建筑整体的一部分，又起到传统民居建筑中照壁的作用。

图5-3 府第后部

五座府第的第五进都建有后楼，一如传统的前堂后寝。前堂作为礼仪活动场所，后楼则作为赵氏家眷居住的区域。现虽被历史的风雨洗尽铅华，却也多少保存着往昔的风采。

图5-4 堡内三堂/后页

志堂、忠堂、惠堂，是赵家堡在明末子孙分衍后作为各“房头”居住的地区，堂三座并列，坐东朝西，正对着赵义建造的外堡的中心建筑——府第。

柱承托抬梁式木结构，用材宏大。一块阶石长7米，宽1米，厚0.31米，重约6吨，具有强烈感染力量的华美。堂上悬挂赵义手书大匾，勒“福曜贺兰”四字，炫耀他曾奉旨前往贺兰山下的陕西宁夏一带赈灾的光荣历史。

府第前立有两只石狮，二只供防火的石水缸和四组石旗杆座。铺有128米长的石板路，1030平方米的石埕（闽南方言，“埕”即场地）。在莲花池汴派桥附近，还有一口石制的大马槽。

赵氏父子为炫耀其社会地位，在进入府第的必经路口建造了“父子大夫坊”。牌坊为石构，三门四柱，在中心间上方起小楼，下悬青石匾浮雕“恩崇”二字，两侧嵌透雕游龙花

图5-5 辑卿小院

它作为赵家堡书院的附属建筑，是一座精巧的三开间书院，曾是赵氏族人子弟读书的地方。在这块天然巨石上，就镌刻着“读书处”三个大字，极其醒目，令人一进城中，就感觉到大户人家的书香气。

图5-6 赵家堡中民居

除了完璧楼、府第等早期规划的建筑外，此后子孙不断繁衍，分支增多，城中也出现了不少游离于主体建筑之外的房舍。这是清代建于城南面的一组民居。

a

b

图5–7 古井

赵家堡中现存十几座古井。这些古井都建得颇见匠心，井圈大部分用青石精雕而成，其状有传统的四角形，有状如螺丝的六角形。其中有一口在井中开小井，称“井中井”，堪称奇特。

图5-8 石水缸

作为大规模的建筑群，防火是城堡中至关重要的大事。府第前设置的两个石水缸，外面浮雕出水荷花，就是仿照宫廷中防火的大龙缸设置的防火设备。

图5-9 石旗杆夹板
府第前立着两对石旗杆夹板，被官宦人家立于大门前，供举行大型庆典时立彩旗用。平日这种夹板的存在也是家族曾经兴盛显贵的一种象征。

板；在下面枋间的嵌板正面和背面刻“父子大夫”和“乡贤名宦”。可惜在20世纪70年代“文化大革命”中此坊被毁，柱石委地，堡内少了一处玲珑剔透的人文景观。

随着赵氏子孙的繁衍，生齿日繁，堡内共分七个房头，又在内堡东北侧建了忠、志、惠三堂。三堂均为前堂后寝，前堂放祖先牌位，后堂及两厢住人。每座均设大门、正堂与后堂，两个天井，两侧以庑廊相连。后来，由于人口激增，二房至五房都迁往他处谋生，留下者就自行无规则地建房，这一趋势一直延续到今天，以致堡内民居布局和改造显得有点杂乱。现忠堂为六房祖堂，志堂和惠堂为七房祖堂。

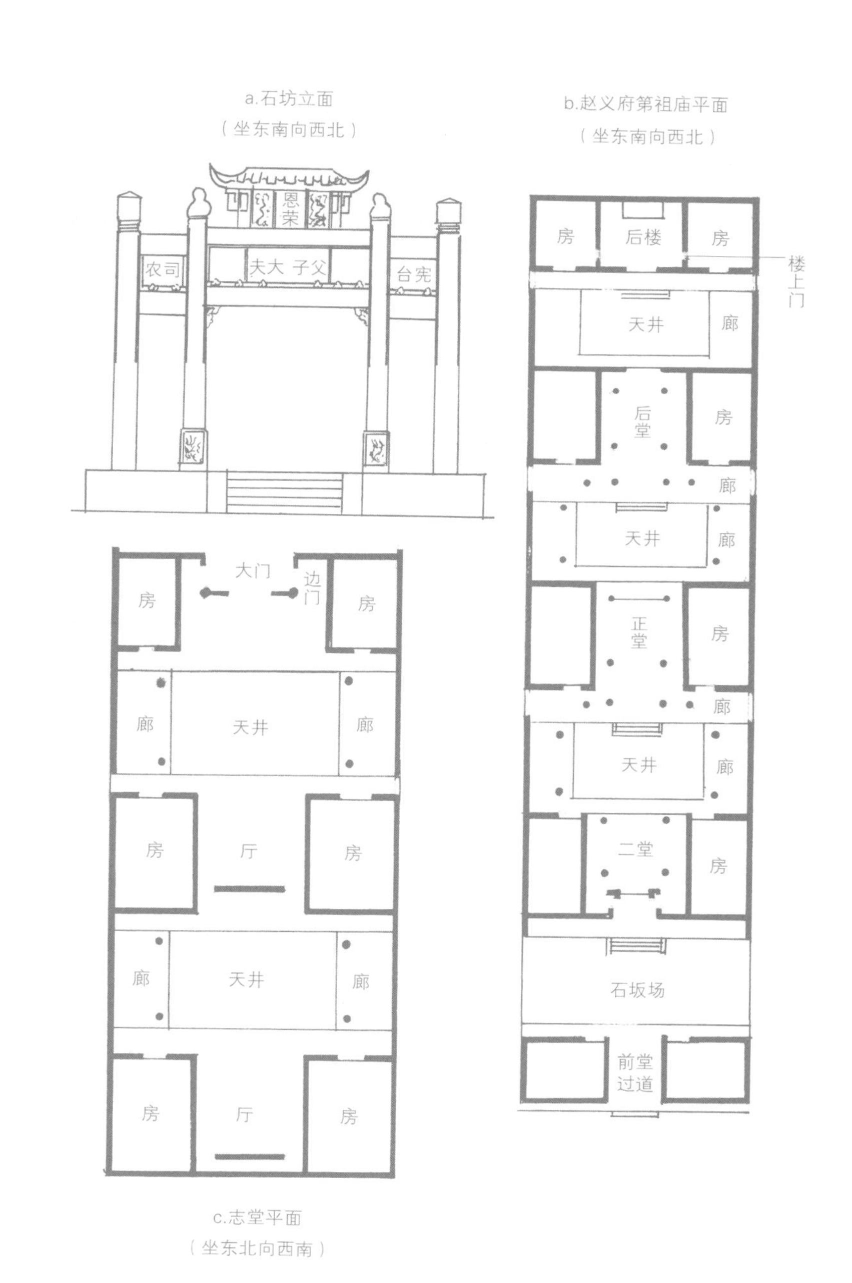

图5-10 赵义府第祖庙平面图、石坊立面图、志堂平面图

“辑卿小院”，是赵家堡书院附属的小园林式建筑，从现存遗址看，书院为一座结构精巧的三开间小堂屋。屋前小院内置花草奇石，尚存一组青石精构的石桌石椅，一对花岗岩石雕的石笋，青石花盆等。在低矮的围墙东面开一扇小门，悬石匾“辑卿小院”四字，左侧天然巨石上刻“读书处”三字楷书。由于赵义别号辑卿，故表明此处为赵义读书休憩的地方。

六、民间崇拜

赵家堡内至今仍保存着比较完整的中国传统的民间崇拜。这些被崇拜的偶像曾经是堡内居民的重要精神支柱，维持了堡内的安宁、和谐与繁衍。

一是祖宗崇拜。赵义建造的祖庙规格最高，是堡内赵氏家族共同的崇拜场所。据赵家堡谱记载："五落官厅中进（即正堂）祀淑宽公、范之公、公瑞公三代，后一进祀闽冲郡王及文官配享，左边祀德聪公（若和第五代孙）、承均公（第六代孙），右边祀克纯公（第七代孙）。"并规定始祖春秋二祭，其余忌日致祭，端午、冬至日致祭，甚至自始祖至赵宋王朝"二八帝神像"于每年元宵佳节也要致祭。所谓"二八帝神像"就是赵若和任宗正寺卿时所掌管的帝籍图像，其中两宋历代十六位帝王的画像随身携带，片刻不离。画像每幅高50厘米，宽35厘米，藏于香木锦盒中，成为赵家堡最为珍贵的传家宝。

完璧楼三楼南厅奉祀祖先牌位，是赵范时代的祖堂。后来子孙繁衍，各房各户各祀自系的祖先。这是作为皇族后裔维系宗族团结和伦理精神的头等大事，难怪赵家堡内的祖堂、灵位林林总总，令人眼花缭乱。

二是护城神崇拜。即武庙、城隍庙、土地庙和佛庙等，均建于城门内侧，距城门约7至8米或10余米不等。武庙位于北门内，门朝西，西阔11.4米，进深17.4米，分门厅、正殿与后殿。进入大门是一片小空地，原因是地上裸露

图6-1 堡中心的府第群

五座基本相同的府第并列建于堡的中心，显示了副使府第的气派，也是赵家堡传统民居的代表建筑，它具备了居住、礼仪的功能，也是赵氏族人奉祀祖先的主要场所。

图6-2 土地庙

赵家堡四座城门除南门长期封闭外，三座城门内均建有一座小庙，其中北门内建关帝庙，东西门内建土地庙。小小的土地庙庙门正对城门，令人一进城门，就有一种敬畏之感。

出一块天然巨石，传说是“螃蟹石”，当年工匠开采此石，石缝流出血来，恐坏了风水，只好保留下来，并改变原布局延长了庙的长度。可见民间建筑无定制，往往是因时因地因人而异。关帝是赵家堡人最为信仰的民间神祇，每年正月十八、五月初三日，全堡族人都要隆重拜神并请剧团演戏。

城隍庙建于东门内侧，庙门正对着城门，规格较小，长宽不足3米。土地庙在西门内，规模同城隍庙，对联写着“白发知君老，黄金赐福人”、“上天求好事，下地保平安”。佛

图6–3 北门内的关帝庙

关帝庙亦称武庙，是闽南地区防寇城堡必不可少的建筑。庙虽小，但也依制分前殿、中殿、后殿三进，并设有左右配殿。天井中开花池、架石拱桥等，设置极为齐全。

庙位于城西的小山上，土木结构，单进三开间，庙前有围墙，开一正门与二个边门，奉祀三世释迦如来，配祀观音，皆为青石雕，20世纪60年代庙倒塌，佛像也被砸断了头。从庙的遗址可以看出庙的规模较大，左门石匾尚在，正面刻“玄门咫尺”，背面刻“禅印”两字。庙左右后侧岩石上分别勒楷书“悟石”与行书“垂纶”两字，笔法遒劲。与佛庙关系最密切者为距庙右不远的聚佛宝塔，宝塔建于一台形的大石头上，为七级方形实心石塔，通高6米，底层为须弥座，座上用七块大小不一的方石叠砌，每块方石四面都有浮雕佛像，第六层四面各刻一个篆字，连读起来便是“聚佛宝塔”。塔石基的四角存有人工开凿的柱洞，可知原来还有围栏。

图6-4 “石父”/对面页

完璧楼边这堆奇异的岩石，称为“石父”，“石父”亦即石祖。原来，过去这些石头是以一块长条形石与两个圆形石组成，状如男根，后部分毁坏。近年又被加构了木石框子，置一墓碑，到此烧香许愿者终年不断。

赵家堡中较为特殊的民间宗教建筑是一座禹庙。这类庙在闽南地区可以说是绝无仅有。庙位于佛庙正西侧，朝东北向，面阔4.3米，进深3.8米，前面又建11米长的围墙，围墙两侧镶嵌禹碑。禹碑又名岣嵝碑，传说原发现于衡山，因字迹奇古，无法读通。明嘉靖间杨慎（杨升庵）曾有释文，说是上古大禹治水路过衡山时臣子为其歌功颂德的碑记，然多有异说。赵家堡禹碑原文77字，分两组，每组高1.8米，宽2.3米，四周浮雕夔龙边饰，现仅存一半。因多年来无人去顶礼膜拜，后改祀三平祖师公杨义中。

三是生殖崇拜。其一，在佛庙右侧的一块天然巨石上镌有岩画，长25厘米，深约15毫米不等，形如女人的右脚印痕，俗称“仙脚迹”。其二，在赵义府第与完璧楼之间有一尊“石父”。“石父”其实就是石祖，为数块或圆或长方状的花岗石堆砌而成的一根石笋，犹如男根。通常认为“仙脚迹”是女性生殖崇拜；“石父”是男性生殖崇拜，赵家堡中两者兼备，可谓奇特的“阴阳配套”。在这座古堡中“仙脚迹”常被人冷落，而“石父”却备受人垂青。凡小孩头痛发烧，或为祈求生育，便会有人偷偷前去烧香祷告。这风俗几百年不变，虽在20世纪60年代“石父”被部分破坏，但石笋下依然不时可见到香火的余灰。

更为有趣的是，若干年前有人把一块奇特的墓碑移到这里，于碑上架一副木、石框子，敬奉有加。据《云赏题铭墓碑》记载：崇祯

a

b

图6-5 石鼓

府第建筑所用的石构件甚为讲究，其中正座大门前的龙凤石鼓，次座大门前的星象石鼓，其图案都是闽南地区明清建筑中极为罕见的题材，抑或这也反映了城堡主人特殊的地位和心态。

a.龙凤石鼓；b.星象石鼓

十一年（1638年），赵家有一位芳名云赏的美丽聪明的婢女，不知何故，自缢身亡。不知缘何又牵动某一位赵家公子的情怀，事隔三年，含泪为铭，写下了无限怜惜与惆怅的碑文。碑高61厘米，正中刻横书“皇明”直书“赵门女侍云赏墓”，两边分勒各四行直书。左云“戊午（1618年）之岁，观灯之夜。生于蔡氏，烈于为人。视德有淑，言志常嗔。猿臂峨眉，老死谁怜。”右云：“琵琶可传，字学入神。时维暮春，岁维戊寅（1638年）。感愤慷慨，缢不顾身。和泪为铭，庶几没尘。”后款：“崇祯辛巳（1641年）菊月谷旦立。”后来，又不知何人把这块记述着那位美丽少女悲惨故事的墓碑移到“石父”这里，也许是怕少女香魂孤寂吧！

七、望族小民

图7-1 居民生活
赵家堡是赵氏家族世世代代聚居的城堡，现城中还居住着一百多户人家，人口六百余人，主要从事农业生产，近年来也种植了大量的果树和经济作物。图为城中老人在翻晒玫瑰茄。

赵家建堡之初，赵氏父子飞黄腾达之日，正是赵宋皇族后裔全盛之时。他们既是遐迩闻名的簪缨望族，又是富甲一方的财神地主；不仅建有神韵浓酽的庞大牢固城堡，而且拥有大片亲自开垦和购买的山林沃土。他们按照特定的血缘亲疏关系与森严的宗法等级秩序组织起来，形成一个具有浓厚皇族血统优越感和怀旧情绪的特殊小社会。作为僻处深山的特殊乡族共同体，赵家堡人一方面听令于国家和政府，为国分忧，为民除害，另一方面自尊、自重、自强、自爱，实行高度的"堡人治堡"。他们发挥地主庄园经济的雄厚财力，除满足本族老幼尊卑各种不同生活需求而外，还积极举办各种公益事业。余日新《官岭保障碑》云："有宪副鸿台公（即赵范）……居乡捐二百金筑梅月城，为漳海保障。"天启四年（1624年）立的《明征纂修国史贡士辑侯赵君建造苏坑桥功德记》碑云：湖西之苏坑溪，溪汇巨流，涨溢叵测，溺死者每岁皆有，"里中辑侯赵君触目怆心，思普济者久之，尔来捐朱提（银的代称）百两，庚粟百石，矢构石梁一座。”正因为赵氏父子乐善好施，所以余日新满腔热情地讴歌他们“于家为孝子，于国为忠臣，于乡为义士”。由此可见，赵家堡并非不问世事、孤芳自赏的山村野堡，更非强取豪夺的地主庄园，而是东方文明道德与氏族封建关系交织在一起的富裕乡族共同体。

赵家堡始于倭患，兴于乱世，在明末清初大动乱时期，饱受火与血的洗礼。康熙《漳浦县志》说：“国朝迁移时（顺治十八年至康熙十九年，即1661—1680年），沿海诸图（按，古制在城曰坊，在乡曰都，都辖下为图）皆为弃地，特令漳浦营城守游击专驻官塘保之赵家城，复界后归驻本县。”在驻军期间，堡内壮丁难免配合作战，浴血沙场。康熙三十五年（1696年），又于赵家堡内“设乡总一人，选堡民年壮有力者为乡勇，不论多寡，听其自择，无事散之田间，有事互相守望。”据此可知，赵氏家族自万历二十八年完璧楼落成之日起至康乾盛世为止，至少要过半军事半农耕生活达一个世纪以上。

在后赵义时代，赵家堡再没有出过达官贵人与财主富豪，风光不再，经济衰落。由于此地是纯农业地区，水稻、番薯是堡内人唯一的支柱产业，经济作物比重很小，主要是花生与蔬菜，副业仅有加工桂圆干等几项。何况小农经济十分脆弱，一遇上天灾人祸，自必难逃“雨打桃花一场空”的厄运。所以，被逼无奈，历史上的某些受灾户就含泪告别了“母亲堡”，离乡背井到他处谋生；幸存者就含辛茹苦，祖祖辈辈过着平淡无奇的“日出而耕、日落而归”的田园牧歌式生活。他们似乎只有一个愿望，就是把前人的创业尽可能完整地留给后人，不致因年久而湮没。正因为这样，赵家堡方才有可能奇迹般地保存以至展现给今天。古时堡内人最多时有一千多人，现在仍住有一百多户六百多人。不过，他们早已彻底抛弃了千年皇族后裔的优越感，亦步亦趋地赶上了时代的步伐，真正回归到勤劳、勇敢、纯朴、正直的中国平民一族了。毫无疑问，这是历史的节拍，历史的律动，历史的必然，历史的进步。

图7-2 官岭保障碑
赵家堡的第二代主人赵义，曾于明崇祯七年率领村民在赵家堡东北面的官岭阻击了倭寇的入侵，漳浦知县余日新为之于官岭建“官岭保障碑”，并刻《官岭保障碑记》。后碑石被移到城中，今已倒伏。

八、汴梁遗风

园林布置是赵家堡总体布局的一个重要组成部分，几乎占全堡总面积的三分之一。园林的主区处于赵义府第的西侧，占据了以佛庙为中心的整个小山坡。佛庙设置在园林之中，既不失其宗教色彩，又突出了园林艺术的精神功能。庙与塔周围点缀着许多乌黑色的原始状态岩石，这些千姿百态的海蚀岩石给园林生色不少，也反映了赵氏父子几乎爱石如命的心态。从佛庙右侧天然巨石上一方高1.15米、宽0.85米的石壁上赵公瑞题刻的一首咏石诗，可以看出他们的这种情趣：

何代仙人化，嶙峋海上山。
叱羊应起立，控鹤独来还。
苔藓衣冠古，烟霞韵致闲。
点头堪与语，对此欲拈攀。

这石人峰也就是赵家堡十景中的“石女偎墙”。还有一例，可以看出赵氏父子对石头的情感。在辑卿小院里，保存着一个青石

图8-1 石桥
莲花池建有石桥，称汴派桥，桥以一段长石板桥和一段券顶拱桥组成，造型极为别致，其实也是仿照《清明上河图》中的开封州桥的形式建造的。

图8-2 西南侧的小山

这是赵家堡的园林区之一，在佛庙南面天然巨石上，刻着赵义于明天启四年（1624年）步其父赵范吟石人峰诗韵题写的七律诗一首，使城中的园林平添了几分诗情画意。

雕底的花盆，刻一铭，说当年赵范远游归来，在海滩上拾得一奇石；子承父爱，赵义专门命人雕了供奉奇石的花盆，置于垂纶楼中，并铭诗一首：

炼出娲皇鼎，锻成玉女盆。

玲珑来海上，掘地起昆仑。

从这些咏石诗，以及赵义府第后的“石父”、佛庙周围的摩崖、禹庙外墙的岣嵝碑、玲珑古老的聚佛宝塔、精构细雕的父子大夫坊等等，可以看出赵氏父子的高层次文化品位和审美情趣，绝非凡夫俗子、草包官僚的附庸风雅。因此可以断言，赵家堡的园林艺术应属于高雅文化。

作为一个幽静山壑中的私家园林，赵家堡没有苏州园林的玲珑小巧、清隐绮丽，可也没有它那囿于场地局促的苦恼。赵家堡拥有宽阔的空间，把庭院河流小桥、城墙佛庙碑刻、民

图8-3 莲花池景观
莲花池平静的水面与小山上的绿树奇石之间飞架着汴派石桥，形成了多层次的风景园林区，其间露出几座新旧小屋，人在画中，尽得山野情趣。

图8-4 辑卿小院景观

赵家堡第二代主人赵义，号辑侯，供他读书用的辑卿小院，是一座具休闲功能的居住建筑。小院中布置了专程从外地运来的奇草异石，供风雅的赵义观赏享用。

图8-5 古龙眼树/后页

赵家堡中明代古树保存极为丰富，尤以古榕树和古龙眼树为多。这株位于东门内的龙眼树，仅存外壳，于树中又长出另一颗小龙眼树，甚为奇特，称“树中树”。

居楼榭亭阁、岩石绿树翠竹等等，都结合在一起，再以弯弯曲曲的通幽小径，营造出一种主次分明、疏密得当、带有浓郁的山野气息的艺术氛围，给人一种返璞归真、清新自然、如梦如幻的感觉。

值得一提的是莲花池的西南岸上，立有一青石碑，刻宋大书法家米芾手书的“墨池”两字。碑高1.5米，宽0.68米，厚.0.15米，每字高0.53米，宽0.42米。碑额篆书铭文：“米南宫仕无为军立是书，代久土湮。及先大夫守斯州，缉廨出地得之，因治亭植诸，刻印以归，余临池更摹之以石。明崇祯乙亥（1635年）端阳日，中书舍人赵公瑞志。”碑立于外池西南畔，其地可能为垂纶楼遗址。此处水域开阔，城墙低矮，建一楼榭可补空缺，符合“借”景

的造园原则。居于楼中，远可以倚窗眺望城外美妙景色，近可俯瞰城堡内万种风情，静听园中松涛，佛庙钟声，怡情悦性，如临仙境，的确是古人“借得蓬莱胜天庭”的好去处。

堡内另一靠南的园林小区，今存有明代晋江人、著名书法家张瑞图的题匾遗迹，正面石刻“松竹村”三字行书，背面刻“硕山”两字隶书。此处往日林木丛生，浓荫蔽日，曲径通幽，名虽曰村，其实仅建数椽小舍，不闻人间喧嚣，但见天地之悠悠，山野之青青，生命之绵绵，民魂之铮铮。

九、完璧归赵

赵家堡的形成与发展，有着独特的历史原因和人文背景。它是赵宋皇族后裔，经历数百年从皇族贵胄到落难隐居，再从公开露面到家族中兴的大起大落、一波三折的艰难险阻，以非常特殊的心态，体现在城堡的总体布局上，体现在单体建筑的形式演变和命名上。如对赵宋王朝兴衰的追忆，骨肉相残的愤怒，祖先饱尝流离颠沛之苦的哀伤，寻觅先王遗迹的感慨，绻绻复国却又无力回天的悲怆，乱世保境安民、力争家族中兴的殷切希望等等。它将这些复杂、奇特而又沉重的家族群体情感，用象征性的比拟手法表露在物质实体中，其布局立意，确实是“处处乃沿汴京之旧”，为其鲜明的建筑艺术特色。例如：

完璧楼的题名，隐喻“完璧归赵”之意。

庭院河流石桥取名汴派，明显怀念北宋盛世都城汴梁。宋之汴京原汴州桥，题名实有所本。

图9-1 “完璧楼”匾

完璧楼门上嵌有青石匾，刻“完璧楼”三个行书大字，显然是取“完璧归赵”之意。有趣的是，那璧字的“辛”字写得特大，占据了全字的一半，流露出作者对无法超越历史局限的悲怆之情。

图9-2 禹碑
赵家堡这个从无水灾之患的城中却建有禹庙，现庙已坍塌，禹碑亦仅存两片。这一千多年来困惑了多少人的古碑刻，被赵义从开封古吹台拓来，刊刻在这里，是仿照汴京的布局立意的一个证据。

汴京有外城、内城和大内三重布局，赵家堡也有外城、内城和完璧楼三重布局。

汴京有潘、杨二湖，赵家堡也有内外莲花池。

“聚佛宝塔”，象征开封铁塔，通高5.95米，刚好是开封铁塔的十分之一。

汴京有一古吹台，传说古代著名音乐家师旷曾在此吹奏，后苦于黄河泛滥频仍，遂改建为禹庙，供奉治水的大禹。长沙岳麓书院的岣嵝碑，曾被绍兴、开封、贵州等地的禹陵、禹庙争相依拓本仿刻。赵义为了仿汴京之旧，竟在没有水患的赵家堡建造了禹庙并摹刻了岣嵝碑，可见其眷恋祖宗帝业用心之良苦。

《清明上河图》显示汴州桥为拱形，赵家堡汴派桥也有一段为拱券形。

“墨池碑”系北宋大书法家米芾（南宫）知无为州时所书。传说米芾吟诗作画时辄受衙署中绿池之蛙声所扰，芾即书一“止”字，裹砚投之，蛙声遂绝，而池水也从此变黑。于是挥笔写“墨池”两字镌于石，后因岁月久远，埋没入土。明万历甲戌二年（1574年）赵范知无为州事时，修葺官署时得之，拓印带回故乡，崇祯八年（1635年）由赵义摹刻于石。可见赵氏父子思慕祖业心切，连对当时书法名家也情有独钟。

赵家堡之所以化精神为物质，化感情为建筑，在于其源有自。赵范当年读了赵若和手书的家谱，几乎肝肠寸断，声泪俱下地挥毫写下“为子孙读此篇而不痛哭流涕者非人也”十六字。之后，他又在《漳浦赵氏重修家谱序》中说：“范读家谱，三复废兴存亡之变，未尝不潸然陨涕，痛王室之多艰也。……范当嘉、隆景运，席先王世德，读先人遗书，幸叨一第，当司牧二州，敷扬政教，无非奉祖宗德意而推广之。……归休乎林泉之下，寻先王缔造故处，旧构犹存，山川环郁，家范五十三条，无日不讨族姓而申儆之，告以王业之艰，绳武不易，而战兢临履之不可以已也。……今而后祖

图9-3 莲花池长堤

开封城的龙亭前有潘杨二湖，清浊分明。赵家堡也在府第前建莲花池，于池中筑一道长堤，将池隔为内外两个，刻意模仿的痕迹极为明显。

图9-4 聚佛宝塔

城西南区的佛庙边建有一座正方形的“聚佛宝塔”，塔高而瘦的造型，与开封铁塔极为相似，而且塔高也正好等于开封铁塔的十分之一。

图9–5 墨池碑

赵范任无为州知州时，出土了宋代大书法家米南宫（米芾）书的墨池碑，便拓印回家。崇祯八年，爱好书法的赵义重刻于城中，立于莲花池畔，以附会晋王羲之临池学书的故事。

宗一人之血脉，流而为子孙亿万之血脉；子孙亿万之精神，溯而通祖宗一人之精神。”正是赵范这种令人回肠荡气的特殊心态，导致了他在建造内堡时，特把三层方楼命名为“完璧楼”，开了此地思想感情物化的先河。赵义继承乃父的一脉情思，并且他曾游历过两宋都城，对那些与赵宋王朝有关的文物史迹，目睹心记，刻意模仿，使得赵家堡的空间组合在建筑艺术上处处洋溢出一种沉重、苍凉、悲愤、激越、抗争、上进的气氛，这是一般城堡所没有的。

再来看看赵家堡祖庙正堂的红漆木柱上，书写着这样几副楹联：

宋室久播迁，一蝶不随天下去；

皇朝重举废，双麻曾向日边来。

读祖训五十三章，无亲疏无贵贱无贤愚，其揆一也；

培天河三百余载，为君臣为父子为夫妇，厥道备矣。

四海亦何常，邱客能居乾坤大；

天潢虽已远，诗书振绪日月长。

这些楹联虽文字晦明参半，但赵氏父子心迹已明。上联大意是：赵宋王族虽久传远播，然国运多蹇，诸宗式微，仅一枝独秀。“蝶”为“牒”之错抄，一牒指一宗室派系，寓意自魏王至闽冲郡王一派今日幸存。正因为王朝重举废，故当年“双麻曾向日边来”。“双麻”指黄、白麻书。凡赦书、德音、立后、建储、大讨伐、免三公宰相、命将日制，并用白麻纸。……凡慰军旅用黄麻纸。这副对联是说那时候用黄、白色麻纸誊写的诏书都曾飞向那“日边”。“日边”是指遥远的地方，后喻京都附近及皇帝左右的人。此处是指当年赵若和曾从本族皇帝那里获得恩宠与荣耀。中联说，读赵氏祖训，知晓凡血缘族亲无亲疏、贵贱、贤愚之分，同根同源；保皇祚三百余载，维护君臣、父子、夫妇五伦之纲常，完美无缺。下联说，世事沧桑，风云变幻，丘居之民只要能安居乐业，自然天地开阔前途无量；时到如

图9-6 赵氏祖庙

经修复后的赵氏祖庙，正堂上已经奉祀着赵家堡的列祖列宗的灵牌，赵氏家族中那在两宋三百多年的中国历史上至高无上的人物，进入了寻常百姓家，任凭游人漫步，小儿嬉戏。

图9-7 完璧楼今貌/后页

第一期修复完成的完璧楼作为展览馆对外开放，如同沦落在闽南海隅的和氏玉璧，重新焕发着璀璨的光华。

今，当初皇族、宗室之尊贵地位虽早已远去，但只要坚持诗礼传家，振兴本族，仍可求得福泽绵长。

昔日的赵家堡与现代生活有着强烈的反差。它是一面历史的镜子，折射出古代皇族后裔特殊的复杂、丰富而又微妙的感情世界；雄辩地证明了建筑不仅仅是通常认为的凝固的音乐，而且是凝固的思想、凝固的观念、凝固的情感、凝固的精神，是一种视觉艺术与心灵感知、造型艺术与民族意识、空间艺术与传情达意、表层文化与深层文化、物质文明与精神文明的高度统一。

赵家堡祖先世系表

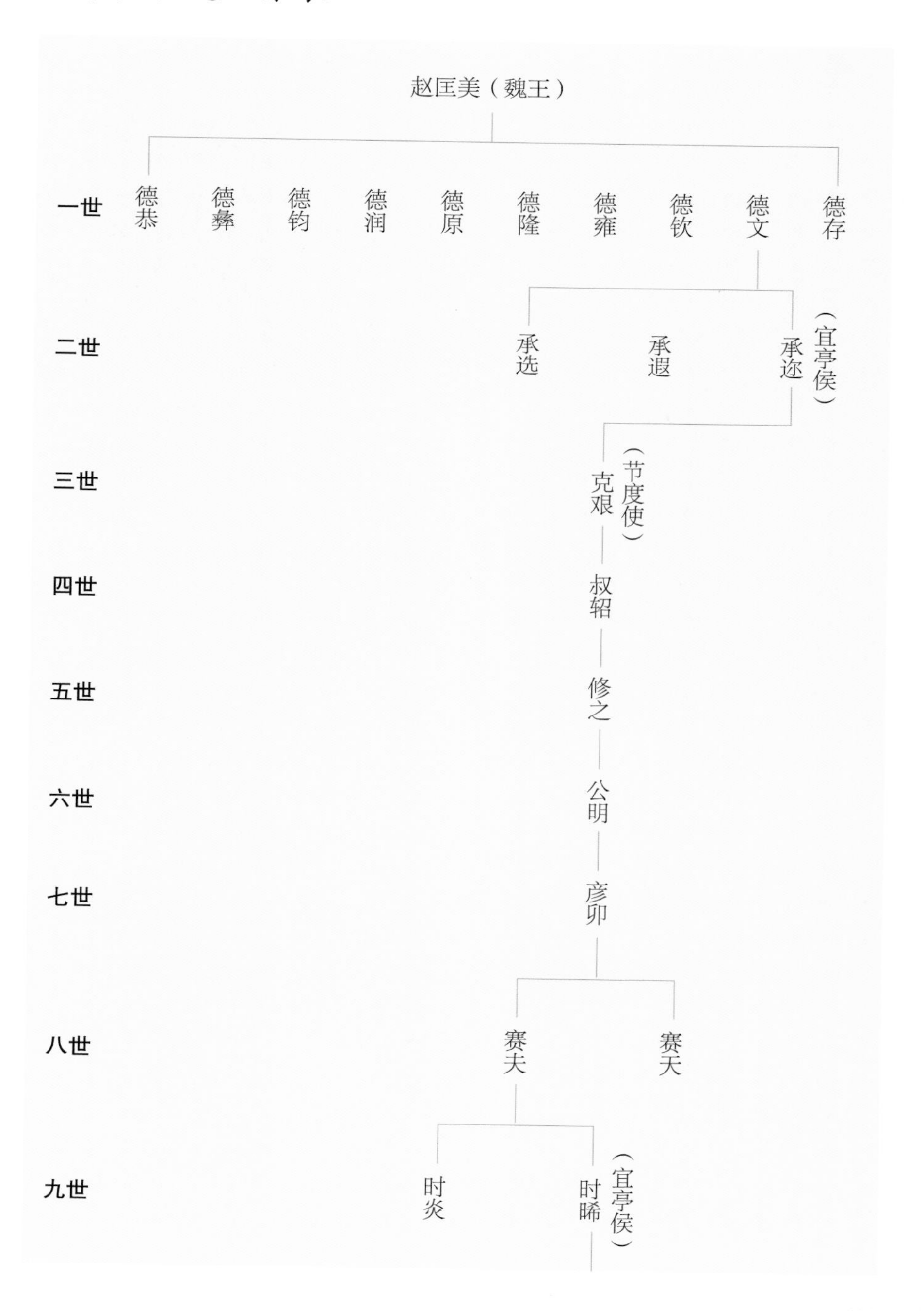

赵匡美（魏王）
一世
德恭
德彝
德钧
德润
德原
德隆
德雍
德钦
德文
德存
二世
承选
承遐
承迩
（宜亭侯）
三世
克艰
（节度使）
四世
叔韶
五世
修之
六世
公明
七世
彦卯
八世
赛夫
赛天
九世
时炎
时晞
（宜亭侯）

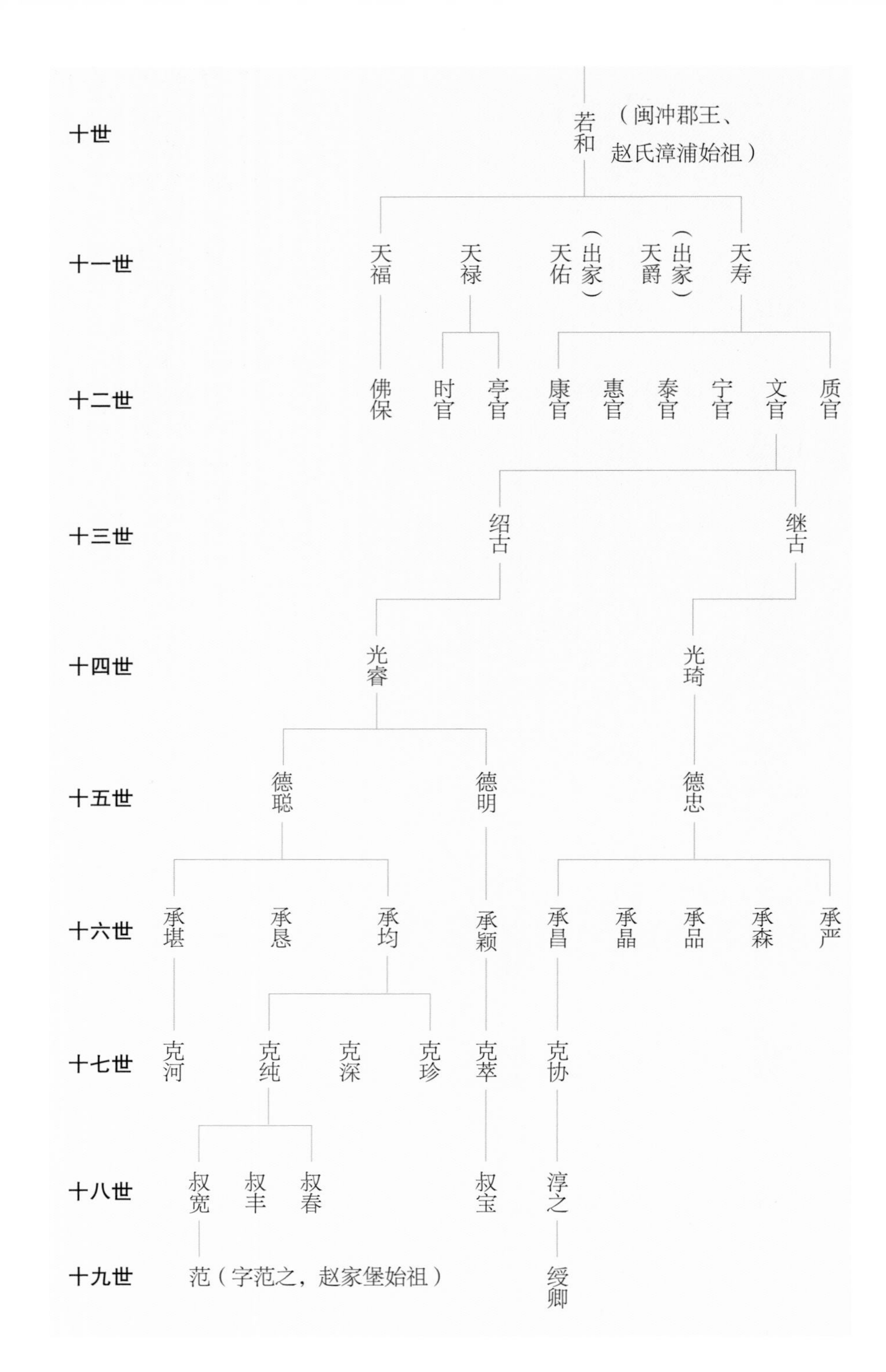

十世
若和（闽冲郡王、赵氏漳浦始祖）
十一世
天福
天禄
天佑（出家）
天爵（出家）
天寿
十二世
佛保
时官
亭官
康官
惠官
泰官
宁官
文官
质官
十三世
绍古
继古
十四世
光睿
光琦
十五世
德聪
德明
德忠
十六世
承堪
承恳
承均
承颖
承昌
承晶
承品
承森
承严
十七世
克河
克纯
克深
克珍
克萃
克协
十八世
叔宽
叔丰
叔春
叔宝
淳之
十九世
范（字范之，赵家堡始祖）
绶卿

图书在版编目（CIP）数据

赵家堡／曾五岳等撰文／王文径摄影. —北京：中国建筑工业出版社，2014.6
（中国精致建筑100）
ISBN 978-7-112-16780-7

Ⅰ. ①赵… Ⅱ. ①曾… ②王… Ⅲ. ①古城-建筑艺术-漳浦县-图集 Ⅳ. ① TU-092.2

中国版本图书馆CIP 数据核字（2014）第080896号

责任编辑：董苏华 张惠珍 孙立波
技术编辑：李建云 赵子宽
图片编辑：张振光
美术编辑：赵 清 康 羽
书籍设计：瀚清堂·赵 清 周伟伟 康 羽
责任校对：张慧丽 陈晶晶 关 健
图文统筹：廖晓明 孙 梅 骆毓华
责任印制：郭希增 臧红心
材料统筹：方承艺

中国精致建筑100

赵家堡

曾五岳 王文径 曾春英 撰文/王文径 摄影

中国建筑工业出版社出版、发行（北京西郊百万庄）
各地新华书店、建筑书店经销
南京瀚清堂设计有限公司制版
北京顺诚彩色印刷有限公司印刷

开本：889×710 毫米 1/32 印张：$2^{7}/_{8}$ 插页：1 字数：123 千字
2016年6月第一版 2016年6月第一次印刷
定价：**48.00**元
ISBN 978-7-112-16780-7
（24385）